S'adresser aux Directeurs :

M. Charles HAENTJENS, sur la Fosse, n° 94;
M. Jules RIEFFEL, rue Marceau, n° 12, près du Boulevard;

A NANTES (Loire-Inférieure).

AUX HABITANTS

DES DÉPARTEMENTS DE L'OUEST.

ÉTABLISSEMENT
AGRICOLE EXEMPLAIRE
DE GRAND-JOUAN.

ÉCOLE D'AGRICULTURE

ET

FABRIQUE D'INSTRUMENTS ARATOIRES PERFECTIONNÉS.

Sous la Direction

DE

MM. CHARLES HAENTJENS et JULES RIEFFEL.

> Travaillez, prenez de la peine,
> C'est le fonds qui manque le moins.
> LAFONTAINE.
>
> A côté d'un pain il naît un homme.
> BUFFON.

A NANTES,

De l'Imprimerie du Commerce,

CHEZ VICTOR MANGIN.

1830.

ÉTABLISSEMENT
AGRICOLE EXEMPLAIRE
DE GRAND-JOUAN.

ÉCOLE D'AGRICULTURE

ET

Fabrique d'Instruments Aratoires Perfectionnés.

SOUS LA DIRECTION

DE

MM. CHARLES HAENTJENS ET JULES RIEFFEL.

CONFORMÉMENT à l'appel fait le 23 mars par les Fondateurs-Directeurs de l'établissement de *Grand-Jouan*, à ceux de leurs concitoyens prenant intérêt à cette entreprise, une assemblée a eu lieu le 2 avril, à l'hôtel de la Bourse à Nantes. L'assemblée se trouvant trop nombreuse pour pouvoir délibérer et arrêter, séance tenante, les changements proposés au premier projet d'acte d'association, on nomma une commission de cinq membres, composée de MM. H. Ducoudray-Bourgault, ancien président de la Chambre et du Tribunal de Commerce; Gicqueau père, ancien avoué; Chaillou, capitaine d'artillerie en retraite; Renaud et Guéraud, agriculteurs. Cette commission fut spécialement chargée d'examiner le travail des Directeurs et les objections qu'on leur avait présentées, et d'arrêter un mode définitif de mise à exécution. Une nouvelle réunion a eu lieu le 5 mai, et l'assemblée, après avoir entendu le rapport de la commission et adopté ses conclusions, mit la dernière main à l'œuvre en rédigeant l'acte de Société ci-après. Les Directeurs, pleins du désir d'offrir à leur pays un établissement qu'ils jugent de première utilité publique, n'ont pas hésité à accepter toutes les modifications, et à remplir ainsi fidèlement l'engagement qu'ils avaient pris dans le dernier paragraphe de leur prospectus(1)

---

(1) Les personnes qui n'auraient pas eu connaissance du prospectus peuvent en faire demander chez les Directeurs.

COMPTE RENDU

Le 5 *Mai* 1830, *par la Commission nommée dans l'Assemblée du* 2 *Avril.*

Messieurs,

La commission que vous avez nommée le 2 avril était chargée de discuter, avec MM. C. Haentjens et J. Rieffel, les conditions d'un projet d'association qu'ils présentaient, dans le but de former un établissement-modèle d'agriculture sur le domaine de *Grand-Jouan*, situé dans la commune de Nozai : elle devait encore chercher à se procurer les renseignements utiles pour fixer le maximum du prix auquel la Société projetée pourrait acquérir ; M. Charles Haentjens, propriétaire, devait de son côté faire connaître le minimum de son évaluation ; des experts contradictoirement choisis, auxquels les notes d'estimation auraient été servies, devaient statuer définitivement sur le prix à donner au domaine de *Grand-Jouan.*

Le projet d'association a été longuement discuté dans les séances de la commission, qui s'est réunie le 14 et 15 avril, avec MM. Charles Haentjens et J. Rieffel. Ces Messieurs ont bien voulu consentir aux changements qui leur ont été demandés; il vous sera donné lecture du nouveau projet.

Il n'était pas aussi facile de déterminer le maximum de l'évaluation du domaine proposé : les données manquaient pour raisonner les notes fournies par le propriétaire. On décida de fixer provisoirement la somme de 200,000 fr., sauf à l'augmenter, ou à la réduire, après la visite des lieux, qui fut regardée comme indispensable. Les membres de la commission se rendirent, en conséquence, le 18, à *Grand-Jouan*, y couchèrent, et après avoir parcouru la propriété, la quittèrent le 19, à quatre heures du soir.

L'examen de *Grand-Jouan* est facile à faire, malgré son étendue, parce qu'il est dans un tenant, et qu'il renferme des ondulations de terrein d'où l'on aperçoit ses limites, en permettant de saisir avec facilité ses proportions; la portion mise en culture et sous prairies est située près de la maison, à l'exception de ce qui est exploité par trois petites métairies; les semis de sapins sont disséminés sur divers points.

Le sol présente une couche d'humus en terre légère, brune et noirâtre, dont l'épaisseur varie de 4 pouces au moins à 10 pouces environ. Le sous-sol découvert par une centaine de sondes, faites avec une pelle de jardin, dans toutes les parties, autant que possible, offre une argile jaune siliceuse, plus ou moins mélangée de cailloux de natures différentes et même de pierres schisteuses, dans une proportion qui n'a rien de fâcheux.

Cette nature de terre est ordinairement facile à mettre en culture, le mélange convenable du sous-sol donnant plus de consistance au sol léger de la superficie.

Les relevés de fossés des clôtures confirment l'expérience des sondes faites, et permettent encore de juger de l'espèce et de la qualité du terrein. On voit avec plaisir, sur ceux qui entourent les pièces en culture, de jeunes chênes dont l'écorce lisse et la végétation annoncent la santé; des châtaigniers recépés et poussant avec vigueur, des hêtres, des charmes, etc., dont aucun ne paraît souffrir. La végétation des arbres sur les terres en culture, qui limitent le domaine, est en général satisfaisante.

Quelques parties de fossés, très-rares à la vérité, ayant offert une argile blanchâtre et savonneuse, ont donné lieu à des recherches dont le résultat est qu'il s'en trouve en fort petite quantité.

Les arbres fruitiers du jardin sont d'une assez belle venue, à l'exception de quelques pieds que la mousse attaque, ce qu'on nous assure venir du sol d'où on les a tirés.

La terre labourée est de couleur brune, qui confirme l'idée que le mélange de l'argile du sous sol, avec l'humus de la superficie, doit donner une terre arable d'une qualité assez satisfaisante.

Les prés paraissent bien nivelés, en assez bonne végétation, quoique naturellement un peu froids : on a pu ménager l'irrigation d'une grande partie, en y conduisant les eaux qui traversent la cour de la ferme principale.

Les semis de sapins de 5 à 8 ans sont pleins de vigueur, et prouvent une rapide végétation. M. Haentjens nous dit qu'on lui offre 400 fr. par journal, de la coupe d'une portion de onze journaux qui a huit ans, pour en faire du charbon. Une portion de soixante journaux, sous semis de deux ans, nous a paru un peu clair-semée.

L'ensemble des observations de la commission l'a portée à penser que le domaine de *Grand-Jouan* était susceptible d'être mis en culture avec avantage, en lui fournissant les soins et les avances que nécessite son exploitation. L'ondulation du terrein donnera de grandes facilités pour l'écoulement des eaux sauvages et pluviales, qui pourront être utilisées dans les prairies qu'on peut former dans les vallons; le peu d'éloignement du bassin calcaire de Saffré permettra de faire usage, comme amendement, de la marne assez riche qu'il recèle, ce qui peut donner par la suite une haute valeur à cette propriété. La commission croit devoir émettre le vœu que MM. les Directeurs soient autorisés, aussitôt que la Société sera formée, à s'assurer, par l'acquisition d'un journal de terre, dans le bassin de Saffré, des marnes qui contribueront puissamment à améliorer le sol du domaine de *Grand-Jouan.*

Toutefois, attendu l'immensité des travaux à entreprendre, et l'espèce d'incertitude qui accompagne toujours plus ou moins une opération agricole fondée sur des landes, la commission croit convenable de réduire à la somme de 180,000 fr. le maximum du prix que la Société peut payer au vendeur du domaine.

Telle était, Messieurs, la position des choses; la commission pouvait vous réunir, et vous auriez soumis aux experts les notes sur lesquelles ils auraient fixé le prix définitif, après avoir visité les lieux, si vous aviez adopté nos conclusions.

La commission a cru qu'il était dans votre intérêt qu'elle prolongeât ses démarches, quoiqu'elle n'y fût pas autorisée; laissant à votre décision d'admettre ou de rejeter ce qu'elle aurait provisoirement arrêté, dans le bien général de la Société projetée.

Elle s'est en conséquence décidée à faire de suite des propositions à M. Ch. Haentjens.

Les motifs qui la déterminèrent se fondaient :

1° Sur l'économie des frais d'expertise, toujours assez considérables, et qui tomberaient en pure perte pour la Société ;

2° Sur l'avantage très-important de préparer, dès cette année, les cultures nécessaires pour subvenir à la nourriture du bétail plus nombreux que nécessitera, l'an prochain, l'exploitation et le défrichement.

3° Sur l'utilité qu'il y aurait à ne pas interrompre les écobuages de la portion de landes destinée à être ensemencée cet automne.

A ces considérations, déjà si puissantes, se joignaient les renseignements pris sur les lieux, renseignements qu'il est facile de vérifier ;

Tels sont :

La vente faite récemment dans la commune de Puceul, en-deçà de Nozai, de ses landes non closes (et qui n'ont pas, comme celle de *Grand-Jouan*, l'avantage d'être bornées par une grande route), au prix de 150 à 160 fr. le journal;

L'arrentement de 48 journaux de landes du domaine de *Grand-Jouan*, au prix commun et annuel de onze fr. par journal, qui ne peut être franchi qu'au denier vingt-cinq, soit au prix de 275 fr. le journal;

L'achat fait par un propriétaire voisin, d'une petite métairie dont les terres, bordant celles dont nous avions à nous occuper, sont moitié en labour et moitié sous landes, au prix commun de 260 fr. le journal.

C'est sur ces données et d'après ces considérations, qu'après quelques jours de débats, la commission a conclu, au prix de cent soixante-cinq millle fr., l'acquisition de tout ce que possède M. Charles Haentjens, dans la commune de Nozai, s'élèvant, d'après le cadastre, à 494 hectares, y compris les deux arrentements faits, tous les bâtiments, la récolte pendante par racine, ainsi que tous les approvisionnements existant pour les bestiaux.

Sont spécialement réservés, par le vendeur, les bestiaux et instruments : ils seront évalués par experts, et passé cette estimation, la Société aura la faculté de les conserver ou de les laisser enlever.

La commission doit à l'équité de déclarer : Que c'est au désir de voir former dans nos cantons un établissement qui peut avoir des résultats importants pour notre agriculture, qu'a cédé M. Ch. Haentjens, en consentant à vendre son domaine de *Grand-Jouan* à la Société, à un prix si rapproché du minimum de 160,000 fr. qu'il avait fixé, renonçant ainsi aux chances favorables que lui donnait l'expertise. Nous croyons qu'il aurait obtenu un prix plus élevé de sa propriété, en la morcelant ou en l'arrentant aux paysans de son voisinage ; nous savons que plusieurs avaient fait des démarches à ce sujet. Nous pensons donc qu'il y a lieu d'adresser des remercîments à M. Ch. Haentjens, et nous le prions de les agréer comme un témoignage de la franchise, de la loyauté et du patriotisme qui l'ont constamment animé dans cette transaction.

Il n'est pas sans intérêt d'ajouter que l'intelligence éclairée qui a dirigé depuis huit ans les défrichements faits sur le domaine de *Grand-Jouan*, et les succès qui en sont le résultat, sont pour vous, Messieurs, les premières et les meilleures garanties de ce que vous pouvez naturellement vous promettre de votre entreprise.

La commission doit encore vous faire connaître, Messieurs, les bases du travail sur lequel elle s'est appuyée pour arriver à l'estimation donnée à l'ensemble du domaine de *Grand-Jouan*. Des évaluations différentes avaient été faites: ainsi les terres mises annuellement en culture étaient prisées à 200 fr. par les uns, à 250 le journal par les autres; les prés variaient de 300 à 400 f.; les bois de sapin de 3 à 5 ans, de 300 à 400 f.; ceux de 2 ans, de 120 à 180 f. Pour arriver à la valeur qu'il convenait de donner à la lande inculte, on est parti de la plus basse estimation.

Terre labourable.

On a dit :

Il en coûtera, pour défricher un journal, soit à la charrue, soit à l'écobuage, y compris tous les frais, engrais, semence et récolte, au plus, cent cinquante fr., ci. . . . 150 fr. »

La récolte, sur terre neuve, peut être évaluée, en froment, à 144 francs.		
On ne la portera cependant, pour éviter des mécomptes, qu'à. . . .	100	»
Dépense qui reste.	50	»
Intérêt d'un an, sur une valeur de 100 fr., à 5 p. 0/0.	5	»
Valeur estimée pour la lande 2me classe.	100	»
Ensemble.	155	»

NB. La moindre estimation est à 200 fr.

Bois de Sapin de 5 à 8 ans.

Pour les bois de 5 à 8 ans, valeur de la lande	100	»
Terme moyen, 6 ans 1/2, dépense comme dessus	50	»
Intérêts de 6 ans 1/2, à 5 p. 0/0 sur 150.	56	25
	206	25

NB. La moindre estimation est à 300 fr.

Prairies.

Prix de la lande 2me classe. . .	100	»
Excédant de dépense sur la recolte	50	»
Intérêt de 3 ans, sur 150 fr., à 5 p. 0/0 l'an.	22	50
	172	50

NB. La moindre estimation est à 300 fr.

Il est sans doute inutile d'énoncer que toute lande défrichée porte une récolte, en froment, qui est généralement abondante la première année: sur cette récolte semée en automne, on sème au printemps les sapins ou le trèfle, suivant la destination qu'on donne au sol.

Prenant pour base les estimations les moins élevées,

Nous aurons :

Pour 200 journaux, sous terre labourée, à 200 fr. . . . . 40,000 fr.

Pour 50 journaux de prés, à 300 fr. 15,000

Pour 18 journaux de bois de sapin, de 5 à 8 ans, à 300 fr. . . 5,400

Pour 60 journaux de bois de sapin, de 2 ans, à 160 fr. 9,600

Pour 48 journaux arrentés à 11 fr., estimés à 220 fr. 10,560

Pour 208 journaux 1/3 des landes 2me classe, à 100 fr. 20,800

Pour 416 journaux 2/3 des landes 1re classe, à 120 fr. 49,920

151,280

Pour valeur de la maison d'habitation, 3 métairies, granges, étables, écuries, remises, bergeries, porcheries, et de plus la récolte pendante par racine. . . 13,720

165,000

Les édifices ont pu coûter 25,000 fr.

En prenant la plus forte estimation sur les trois premiers articles, terres labourables à 350 fr., prés à 400 fr., bois de 5 à 8 ans à 400 fr., et y joignant le prix de 275 francs, auquel on peut franchir les 48 journaux arrentés, vous avez une différence, en plus, de 19,440 fr., qui, répartie sur les 624 journaux de landes, donnerait une diminution d'un peu plus de 31 fr. par journal, et porterait conséquemment la première classe à 89 fr., la seconde à 69 fr. le journal.

La commission avait à prendre et à vous communiquer, Messieurs, tous les renseignements qu'elle pourrait se procurer sur la valeur réelle du domaine de *Grand-Jouan*; elle a fait tous ses efforts pour y parvenir. Les essais qui ont été tentés sur cette terre, en luzerne, trèfle, lin, colza, etc., etc., ont généralement donné des résultats satisfaisants. Dans son opinion raisonnée, elle croit que, sauf les évènements qu'il n'est pas donné à l'homme de prévoir, la Société projetée peut traiter avec confiance de cette propriété, au prix de

165,000 fr., sans courir de chances défavorables.

Nantes, 5 *mai* 1830.

Les membres de la commission,

H. Ducoudray-Bourgault, Rapporteur.
Gicqueau père.
Renaud.
Guéraud.
Chaillou.

ACTE DE SOCIÉTÉ.

ENTRE NOUS SOUSSIGNÉS

MESSIEURS :

CHARLES HAENTJENS, armateur, membre de la Société d'Encouragement pour l'industrie nationale, du Conseil d'Agriculture du département de la Loire-Inférieure et de la Société Académique de Nantes, et propriétaire du domaine de Grand-Jouan,

ET

JULES RIEFFEL, agriculteur, ancien élève de l'école de Roville,

D'UNE PART,

Et les Actionnaires soussignés qui adhèrent aux présentes,

D'AUTRE PART,

A été formée et contractée la Société en commandite, dont l'objet, les clauses et conditions sont ci-après établis.

OBJET ET NATURE DE LA SOCIÉTÉ.

ART. 1er — Cette association a pour objet de fonder sur le domaine de *Grand-Jouan*, en la commune et près la ville de Nozai (Loire-Inférieure), un établissement agricole exemplaire, dans le genre de celui existant à Roville, qui devra contenir également un institut d'agriculture, une fabrique d'instruments aratoires perfectionnés et pourra s'occuper de toute industrie qui aurait pour but de tirer parti des produits de la terre.

Art. 2. — La Société sera gérée par deux Directeurs, MM. C. Haentjens et J. Rieffel, sous la raison *Charles Haentjens, Rieffel* & *C*[e]. ils s'obligent solidairement à remplir, comme associés-gérants, la gestion qui leur est confiée, en partageant et supportant, dans les proportions dont ils conviendront entre eux, les avantages et les charges qui y sont attachés.

Tous les autres intéressés et actionnaires, de même que tous cessionnaires des actions dont il va être parlé, ne seront que simples commanditaires, et à ce titre ils ne seront responsables des engagements de la Société que jusqu'à concurrence du montant des actions ou intérêts qu'ils représenteront.

DES DIRECTEURS.

Les deux Directeurs-Gérants seront conjointement les seuls associés responsables, étant seuls chargés de la marche de l'établissement et de la gestion de toutes les affaires qui y ont rapport; ils s'entendront pour la division entre eux du travail, de manière que l'un d'eux soit toujours résidant et présent sur le domaine, afin que la surveillance qu'il exige n'éprouve pas un moment d'interruption, excepté seulement pour les jours des assemblées générales des intéressés. Sur le capital de la Société, les Directeurs feront le paiement du prix d'acquisition du domaine de Grand-Jouan, ordonneront les augmentations à faire aux bâtiments existants, les changements ou constructions nouvelles qu'ils jugeront utiles au succès de l'entreprise, ainsi que les dépenses que nécessiteraient les nouvelles irrigations; ils feront également les achats des bestiaux, outils aratoires, et tous autres effets mobiliers convenables à l'exploitation du fonds social.

Il est interdit aux Directeurs de faire aucun emprunt, acquisition ou échange d'immeubles pour le compte de la Société, sans une autorisation préalable de l'assemblée générale des intéressés.

La Société alloue à chacun des deux Directeurs une somme fixe de 2,000 francs par an, ainsi que leur logement non meublé, le chauffage, l'éclairage et la nourriture pendant leur séjour sur le domaine; ils auront aussi, pendant ce séjour, et chacun d'eux, l'usage d'un des chevaux de la ferme pour le service et la surveillance plus active de l'établissement. En évènement que les revenus nets de Grand-Jouan dépassent cinq pour cent du capital versé par les actionnaires, prélèvement fait de tous frais de quelque nature qu'ils soient et après appurement et approbation par la commission permanente (dont il sera parlé plus bas) des comptes qui lui auront été fournis, cet excédant sera partagé, savoir : quinze pour cent au profit des Directeurs, et le reste aux actionnaires, dans la proportion de leur intérêt. A la fin de la vingtième année, lors de la liquidation de la Société, il sera de plus accordé aux Directeurs dix pour cent sur la plus value des valeurs sociales réalisées, déduction faite du capital fourni par les actionnaires.

Il est formellement interdit aux Directeurs de recevoir, loger et nourrir qui que ce soit aux frais de l'établissement ; mais ils aviseront aux moyens utiles pour que les personnes qui voudraient visiter le domaine soient convenablement accueillies et reçues, soit dans une auberge ou pension qui serait tenue par gens de leur choix, soit de toute autre manière. Cette prohibition relative aux étrangers, n'est pas applicable au Directeur résidant, pour ce qui est relatif à sa femme et à ses enfants.

Tous voyages, nécessités par les intérêts de l'établissement, dans les limites du département ou ceux limitrophes, seront aux frais de la Société.

M. Charles Haentjens est spécialement chargé de la caisse de la Société : il tiendra les comptes de manière que s'il arrivait que la Société eût des fonds disponibles en ses mains, l'intérêt lui en serait alloué à raison de trois pour cent par an : le contraire arrivant, la Société bonifiera le Directeur-Caissier des avances qu'il aurait pu faire momentanément, à raison de quatre pour cent par an.

S'il arrivait, ce qui n'est pas probable, que les Directeurs ne remplissent pas avec zèle et fidélité les devoirs attachés à leurs fonctions, ils pourront être révoqués dans les formes qui vont être indiquées. L'actionnaire qui croirait avoir à se plaindre, s'adresserait par écrit à la commission permanente qui entendrait les Directeurs inculpés, et déciderait s'il y aurait matière assez grave pour la soumettre aux intéressés. Il serait alors convoqué une assemblée générale des actionnaires pour entendre les réclamations et les plaintes portées contre eux ou contre l'un d'eux, ainsi que les moyens de justification qu'il ou qu'ils auraient à faire valoir. Après avoir pris une connaissance exacte et approfondie des griefs allégués, elle prononcerait s'il y a ou non lieu à provoquer cette révocation. La révocation ne pourra devenir valable qu'autant qu'elle serait jugée convenable par les quatre cinquièmes des Sociétaires présents à l'assemblée, réunissant au moins les trois quarts des actions de la Société, déduction faite de celles possédées par le Directeur ou les Directeurs attaqués. Dans ce cas, il serait nommé contradictoirement des arbitres, par les parties, à l'effet de statuer sur les dommages et intérêts, ou les indemnités que pourraient prétendre la Société ou les Directeurs; la décision desdits arbitres sera irrévocable et ne pourra être entreprise par appel, pourvoi en cassation, ni par aucune autre voie.

Si pendant la durée de la Société, l'un desdits Directeurs décédait ou devenait incapable de continuer ses fonctions, l'autre Directeur continuera provisoirement de gérer seul l'entreprise; toutefois il sera tenu, dans les six mois du décès ou de l'incapacité reconnue de son collaborateur, de choisir et de présenter un nouveau Directeur à la commission permanente. A la première assemblée convoquée, les Sociétaires admettront ou rejetteront ce nouveau Directeur, dans les formes, et avec les suffrages indiqués pour le cas de révocation. S'il n'est pas agréé, le Directeur restant proposera un nouveau sujet dans les trois mois qui suivront, pour continuer la même marche, jusqu'à l'admission d'un nouveau Directeur. Après son admission, le nouveau Directeur jouira de tous les droits, et sera tenu à toutes les obligations de son prédécesseur. Ce cas advenant, la commission permanente s'entendra avec lui pour la quotité d'actions qu'il devra prendre dans la Société.

En cas de décès des deux Directeurs, ou d'incapacité absolue de leur part, l'assemblée générale des Actionnaires sera convoquée extraordinairement par le plus diligent d'entre eux, afin de pourvoir au remplacement des deux Directeurs et de prendre les mesures qu'exigeront les circonstances et l'intérêt de la Société.

DURÉE DE LA SOCIÉTÉ.

Art. 3. — La Société sera formée du jour où les souscriptions s'élèveront à 250,000 fr. du capital social. Les actions restantes appartiendront à la masse, et Messieurs les Directeurs sont chargés d'en faire le placement. Ils devront faire connaître à chaque assemblée quel sera le nombre d'actions non placées ; les Actionnaires auront le droit d'en prendre au cours de celles dernièrement vendues ; et, au cas qu'il y ait concurrence, les demandeurs les partageront au marc le franc de leurs actions.

La durée de la Société est fixée à vingt années, qui commenceront au jour où le présent acte de Société aura été revêtu des formes prescrites par la loi. A l'expiration de la dix-neuvième année, les Directeurs feront connaître, dans l'assemblée générale, leur intention de continuer ou de cesser leurs fonctions, si la Société était prorogée. Dans les six mois qui précéderont la dernière année, la Société, réunie en assemblée générale, décidera, à la majorité des trois quarts en somme, s'il lui sera donné suite, pendant dix autres années, pour suivre la même marche jusqu'à la dissolution de la présente association. Les souscripteurs se soumettent formellement à la clause que, dans ce cas, les trois quarts en somme engageront le quart opposé à la prorogation. Ces dispositions seront applicables à chaque période de dix ans.

Néanmoins, si la Société avait éprouvé la perte de la moitié de son capital d'exploitation, elle pourrait être dissoute immédiatement. Les Directeurs seront tenus, aussitôt qu'ils auront reconnu l'existence de cette perte, de convoquer extraordinairement tous les intéressés. L'assemblée générale, après l'examen et les vérifications nécessaires, décidera, à la majorité des voix, si, à raison des causes qui ont produit cette perte, il y a lieu ou non de dissoudre immédiatement la Société. Elle prendra en même temps les mesures qu'exigeront les circonstances et l'intérêt général des associés.

CAPITAL SOCIAL.

Art. 4. — Le fonds social se composera d'un capital de 325,000 fr., dont 300 actions seulement seront provisoirement placées, pour n'avoir qu'au besoin recours aux 25 restantes, qui seront données par préférence aux intéressés qui témoigneraient le désir de les prendre. Une partie de ce capital sera employée à l'acquisition du domaine de Grand-Jouan, à la construction de nouveaux bâtiments, et à la mise en état des anciens; et l'autre partie, comme capital d'exploitation, servira à l'achat du mobilier rural, à l'établissement de la fabrique d'instruments et de l'institut agricole, ainsi qu'aux premières dépenses d'amélioration du domaine, et à former le capital circulant nécessaire pour l'entreprise.

ACQUÊT DU DOMAINE SOCIAL DE GRAND-JOUAN.

Art 5. — L'acquisition de la propriété de Grand-Jouan appartenant à M. Charles Haentjens sera faite, nette de toute charge, hypothèque et éviction, au prix de 165,000 fr., convenu avec le vendeur qui sera payé dans les 3 mois qui suivront la mise en règle du contrat d'acquêt (1). Les autres clauses et conditions du contrat de vente seront arrêtées et stipulées par la commission permanente, d'après l'usage habituel des actes de cette nature.

FONDS SOCIAL DIVISÉ PAR ACTIONS.

Art. 6. — Le capital de 325,000 fr. sera divisé en 325 actions de mille francs chacune ; il ne

(1) Dans cette vente, seront comprises toutes les récoltes pendantes par racine, les fumiers et autres engrais faits sur les lieux, les pailles ou autre litière, foins et tous autres approvisionnements pour les bestiaux. A l'égard des bestiaux et mobilier d'exploitation, MM. Haentjens et Rieffel feront faire une estimation contradictoire dans le plus bref délai, le montant de cette estimation sera payé à M. Haentjens, sur le capital circulant.

Afin que la Société puisse dès ce moment profiter de la saison la plus favorable aux écobuages, labours et ensemencements de tout genre qui peuvent convenir aux intérêts de l'établissement, MM. Haentjens et Rieffel s'entendront pour faire exécuter, à compter du 5 mai, tous les travaux qu'ils jugeront nécessaires, au succès de l'entreprise. Ils feront aussi construire une forge destinée à la fabrication des instruments aratoires perfectionnés. Le coût de tous ces travaux dont M. Rieffel tiendra note, sera rapporté par la Société et acquitté sur le capital circulant. En évènement qu'on ne parvienne pas à former la Société, ces travaux resteront au compte de M. Charles Haentjens.

pourra être émis de nouvelles actions, sans l'autorisation de l'assemblée générale des actionnaires. Le montant des actions sera payé aux mains du Directeur-Trésorier, comme suit : la moitié comptant, le reste en 5 billets de 100 francs chacun.

En recevant le paiement ainsi détaillé, le Directeur-Trésorier délivrera le bon d'action qui servira de récépissé et de titre au sociétaire : ce bon d'action sera libellé dans la forme convenue entre les Directeurs et la commission permanente, suivant le modèle adopté avant la mise à exécution de la Société. Le bon d'action portera un numéro répété au registre à souche d'où il aura été coupé et sera signé par les deux Directeurs-Gérants.

Art. 7. — Les actions sont simples, sans néanmoins pouvoir être divisées par fractions; le transfert s'en opérera au moyen de la déclaration faite par le cédant, acceptée par le cessionnaire, et portée sur un registre à ce spécialement destiné. Toutefois, le cédant restera garant de son acquéreur, jusqu'à rentrée des effets souscrits par lui.

Le cessionnaire, en acceptant la cession, devra faire élection de domicile à Nantes.

Le registre des transferts contiendra autant de feuillets qu'il y a d'actions; chaque feuillet portera son numéro, et sera destiné à mentionner les mutations de propriété relatives à l'action portant le numéro de ces feuillets.

Le nom du propriétaire originaire de chaque action et son domicile seront indiqués sur les feuillets, dont le numéro sera le même que celui de l'action. Si le propriétaire originaire n'habite pas Nantes, il devra y élire domicile par une déclaration inscrite au registre des transferts.

Art. 8.—Les Directeurs s'engagent à prendre au moins cent dix actions dans l'entreprise; ils ne pourront disposer de plus de cinquante de ces actions, et seulement après avoir placé toutes celles de la Société. Quant aux 60 restantes, ils les conserveront tant qu'ils seront Directeurs, à moins d'autorisation contraire de la Société. Les Directeurs feront connaître, à l'assemblée qui précédera la mise en activité de la Société, le nombre que prendra chacun d'eux.

Art. 9. — Les actionnaires s'interdisent, en faveur de l'association et pendant sa durée, d'engager par hypothèque ou autrement leurs portions dans l'établissement, comme aussi d'en faire cesser l'indivis : ils ne peuvent qu'user du droit de céder leurs actions, suivant le mode qui vient d'être fixé.

Les actionnaires primitifs ou leurs cessionnaires qui n'habiteraient pas Nantes ou qui viendraient à quitter cette ville, seront tenus d'y élire un domicile, en en donnant avis aux Directeurs, pour que les lettres de convocation ou pièces qu'on aurait à leur adresser, puissent être régulièrement remises à ce domicile.

Art. 10. — Le décès d'un des commanditaires ou actionnaires n'apportera aucun changement dans la marche des relations de la Société ; ses héritiers ou ayant-cause seront à ses droits et seront soumis aux mêmes obligations pendant la durée de la Société. Ils seront tenus de désigner qui devra les représenter.

COMPTABILITÉ.

Art. 11. — Il sera tenu une comptabilité exacte et en partie double, appliquée à l'agriculture de toutes les opérations de l'établissement. On tiendra spécialement, jour par jour, compte de tous les achats, ventes, récettes et dépenses ; ainsi que de tous les mouvements d'entrée et de sortie des bestiaux et denrées.

Les Directeurs devront prévenir par écrit la commission permanente, au moins deux jours avant la date de l'avis donné quinze jours à l'avance aux souscripteurs des obligations déposées, de l'intention où ils sont d'en faire encaisser une ou plusieurs.

Art. 12. — Dans le courant de la dernière quinzaine du mois de décembre de chaque année, il sera dressé par les Directeurs un inventaire de tous les objets mobiliers appartenant à l'établissement et un bilan de sa situation financière. Ces deux pièces seront adressées, dans le courant du mois de janvier, à chacun des membres de la commission permanente, qui en feront l'examen et pourront en faire la vérification par la communication des livres et pièces à l'appui.

COMMISSION PERMANENTE.

Art. 13. — La comptabilité du Directeur sera constamment soumise à la surveillance d'une commission permanente composée de trois intéressés qui auront toujours le droit, soit collectivement, soit individuellement, de prendre communication au bureau de l'entreprise, et sans déplacement, des livres, registres et toutes autres pièces concernant la comptabilité de l'établissement social.

Ces trois commissaires seront nommés par l'assemblée générale des sociétaires; les Directeurs n'ont pas le droit de voter pour le choix de ces commissaires ou de leurs suppléants qui seront au nombre de deux, et remplaceront les membres de la commission permanente, en cas de décès, démission ou autre empêchement de ceux-ci. La commission permanente est renouvelée par tiers chaque année : le sort indiquera, dans les deux premières années, les membres sortants. Ceux-ci seront indéfiniment rééligibles.

Les fonctions de la commission permanente sont gratuites, mais les frais de voyage et de séjour des commissaires ou de leurs suppléants, seront à la charge de la Société.

Art. 14. — La commission permanente nommera dans son sein un Président qui sera dépositaire du registre des délibérations des assemblées générales de la Société, ainsi que des bilans et inventaires annuels de l'établissement.

Cette commission s'assemblera aussi souvent qu'elle le jugera convenable ; elle pourra convoquer extraordinairement l'assemblée des intéressés, lorsque les circonstances paraîtront l'exiger.

ASSEMBLÉES GÉNÉRALES.

Art. 15. — Les Directeurs convoqueront l'assemblée générale des intéressés, pour le mois de mars de chaque année, et un mois à l'avance.

L'assemblée prendra connaissance des comptes rendus par les Directeurs : elle entendra le rapport et les observations de la commission permanente, et prendra les résolutions convenables. Les bénéfices acquis à la Société seront de suite répartis aux actionnaires, en proportion de la qualité d'intérêt qu'ils représenteront.

Art. 16. — Les assemblées générales des actionnaires se tiendront à Nantes ; les lettres de convocation seront adressées individuellement et contiendront l'indication sommaire des principaux objets qui devront être mis en délibération. Il se tiendra de droit une assemblée générale dans le mois de mars de chaque année ; il pourra en être convoqué extraordinairement, soit par les Directeurs, soit par la commission permanente.

Art. 17. — Les actionnaires pourront se faire représenter aux assemblées générales, par les fondés de pouvoir qu'ils désigneront.

Art. 18. — L'assemblée délibère à la majorité des suffrages des membres présents sur tous les objets qui intéressent la Société, à l'exception des cas posés dans les articles 2 et 3.

Art. 19. — L'assemblée générale se constituera sous la présidence du doyen d'âge ; le plus jeune des membres présents y tiendra la plume. L'assemblée nommera ensuite un président et un secrétaire. Ces derniers signeront la délibération, ainsi que les membres de la commission permanente présents à la séance.

Art. 20. — Si à l'époque fixée pour la réunion des assemblées dont on vient de parler, on ne réunissait pas la moitié des actionnaires en nombre et propriétaires de moitié au moins des actions, l'assemblée serait ajournée à un mois, et tous les intéressés seraient spécialement convoqués. L'assemblée qui se réunira sur cette nouvelle convocation pourra délibérer et prendre les mesures convenables, quel que soit le nombre des intéressés qui s'y trouveront.

Les délibérations de l'assemblée générale seront consignées sur un registre particulier qui restera déposé entre les mains du président de la commission permanente.

Cette commission inscrira sur un autre registre les délibérations particulières qu'elle prendra.

Le président de la commission délivrera aux Directeurs des copies certifiées par les membres de ladite commission, des délibérations transcrites sur les registres des deux assemblées.

INSTITUT.

Art. 21. — Tous les élèves indistinctement devront se soumettre aux réglements de l'établissement; il leur en sera donné connaissance avant leur admission. Les cours seront divisés en deux classes. Les élèves de la première classe qui auront pris l'engagement de se conformer au réglement précité, paieront à l'établissement, pour l'instruction, le logement, le chauffage et l'éclairage en commun, une somme de quatre cent francs par an, par trimestre et d'avance. Il sera pris des mesures par les Directeurs pour leur procurer la nourriture à prix modéré, soit dans l'établissement, soit dans un local peu éloigné.

Les élèves de seconde classe, après les leçons qui leur auront été données, seront tenus d'exécuter tous les travaux qu'on leur indiquera. Si l'élève prend l'engagement de passer au moins une année sur le domaine, en employant son temps utilement aux ouvrages qui lui seront commandés, il ne sera rien exigé de lui pour l'instruction, la nourriture, le logement, le blanchissage, le chauffage, etc. Pour garantie de sa bonne conduite, il déposera en entrant une somme de cent cinquante francs qui lui sera rendue quand il aura passé le temps de son engagement ; mais cette somme restera au profit de l'établissement, à titre d'indemnité, si l'élève ne restait pas l'année sans cause grave et jugée légitime par les Directeurs, ou s'il se comportait de manière à se faire renvoyer pendant le cours de son engagement. La décision des Directeurs est exécutoire sans discussion et même sans explication. Les élèves qui ne prendraient pas l'engagement de consacrer une année à leurs études dans l'établissement, paieront par mois et d'avance une somme de quinze francs, pour la nourriture, le logement, le blanchissage, le chauffage, l'éclairage et l'instruction. S'ils se comportaient de façon que les Directeurs crussent devoir les renvoyer dans le courant du mois commencé, il n'auraient rien à réclamer sur la somme par eux payée.

Lorsqu'après avoir passé six mois employés sur le domaine, en payant la contribution mensuelle, un élève voudra se retirer, les Directeurs pourront, s'ils ont été contents de lui, lui remettre, à l'instant de sa sortie, le tiers de la somme par lui payée pendant un séjour sur l'établissement, et ce à titre de témoignage de satisfaction du zèle et de l'intelligence qu'il aura montrés. L'élève sortant ne pourra jamais adresser une demande aux Directeurs à ce sujet, cette gratification étant purement volontaire de leur part.

Une demi-bourse de première classe ou deux demi-bourses de deuxième classe, sont mises à la disposition de chacun des conseils d'agriculture des cinq départements, formés dans la ci-devant province de Bretagne, ainsi qu'au conseil d'agriculture du département de la Vendée. Même faculté est donnée à chacun des conseils d'arrondissement du département de la Loire-Inférieure.

On entend par demi-bourse de première classe que l'élève qui en aura été doté n'aura à payer à l'établissement qu'une somme de deux cents francs par an, au lieu de celle de 400. De même que pour la 2e classe, l'élève ne paiera que sept francs cinquante centimes par mois, au lieu de 15 francs.

La même faculté est encore dévolue aux actionnaires qui seront propriétaires d'au moins dix actions, et même aux actionnaires qui, s'étant réunis pour former dix actions, en feraient la demande en commun.

DISPOSITION UNIQUE.

Art. 22. — Tous les actionnaires jouiront d'une remise de six pour cent sur le prix des instruments qu'ils achèteront à la fabrique de l'établissement.

DISSOLUTION DE LA SOCIÉTÉ, ET DE SA LIQUIDATION.

Art. 23. — A la dissolution de la Société, dans les cas prévus par les dispositions qui précèdent, les Directeurs seront tenus d'adresser, dans le mois, à chacun des membres de la commission permanente, un inventaire ou compte exact de l'état des meubles et immeubles, ainsi que du passif de la Société.

Les membres de cette commission en feront la vérification tant par l'examen des livres et papiers de la Société, que par tous autres moyens qu'ils jugeront convenables et propres à les éclairer. Aussitôt qu'ils croiront être suffisamment instruits, ils en donneront avis aux

Directeurs qui seront tenus de convoquer immédiatement les commanditaires. L'état des affaires sociales sera présenté à l'assemblée générale, examiné et discuté. Les membres de la commission permanente qui en auraient fait précédemment un examen plus particulier, donneront leurs observations; l'assemblée prendra et arrêtera les mesures convenables pour réaliser l'avoir social et pour acquitter les charges. Les valeurs disponibles et susceptibles d'être partagées, seront immédiatement réparties. Les Directeurs seront chargés d'opérer la vente et liquidation du surplus, d'après le mode et les règles fixés par la délibération de l'assemblée.

Le traitement des liquidateurs sera réduit à demi pour cent sur les valeurs de la liquidation, si le capital versé se trouve diminué de plus d'un quart. Ce traitement sera de un pour cent sur les mêmes valeurs, si le capital est intact ou ne dépasse pas un quart en sus du capital primitif. Au-dessus de ce bénéfice d'un quart sur le capital versé par les actionnaires, le traitement s'augmentera d'un demi pour cent par chaque quart de bénéfice produit par la bonne gestion des Directeurs, et jusqu'à la concurrence de deux pour cent, qui ne pourra pas être dépassée.

Les liquidateurs devront rendre compte de leur liquidation dans le cours de l'année, à partir du jour où la dissolution de la Société sera arrêtée et décidée dans l'assemblée des actionnaires, sous peine de perdre moitié du traitement qui leur est alloué par cet article. Ce délai d'un an est jugé suffisant pour consommer la vente et la liquidation dont il s'agit. Les liquidateurs pourront éviter cette disposition pénale, en réunissant, deux mois avant l'expiration de l'année qui leur est accordée pour liquider, l'assemblée des actionnaires, afin de lui faire connaître les objets qu'ils n'auraient pas réussi à liquider et les motifs de cet empêchement. A l'expiration de ce délai, les associés seront réunis de nouveau, sur la convocation des liquidateurs pour examiner, débattre et clorre le compte de liquidation qui leur sera présenté, et pour arrêter les mesures qui seront jugées convenables à l'égard des objets dont la vente et la liquidation n'auraient pas encore été consommées. Les Directeurs s'entendront pour partager les travaux de la liquidation ou pour les attribuer à un seul d'entre eux, sans que ce partage puisse nuire aux droits des sociétaires contre les deux Directeurs.

ARBITRAGE.

Art. 24. — S'il s'élevait des difficultés ou des discussions sur l'interprétation ou l'exécution du présent acte de Société, à quelque époque que ce soit, elles seront jugées par arbitres contradictoirement choisis par les parties, ou nommés par le tribunal compétent, lesquels arbitres prononceront comme amiables compositeurs et seront dispensés de toutes formes et délais judiciaires; leur décision ne pourra être attaquée par appel, pourvoi en cassation, ni par toute autre voie.

Au surplus, toutes clauses et stipulations qui précèdent sont liées et indivisibles.

RÉGULARISATION.

Art. 25. — Les Directeurs devront, sous leur responsabilité personnelle, se conformer à ce que prescrivent les articles 42, 43 et 44, du Code de Commerce.

Art. 26. — Aussitôt que, conformément à l'article 3, la Société sera formée, le présent acte sera déposé, par les soins de MM. Charles Haentjens et Jules Rieffel, chez M. Dominique Gicqueau, notaire à Nantes, pour y tenir minute.

Fait multiple à Nantes, ce..........

www.ingramcontent.com/pod-product-compliance
Lightning Source LLC
LaVergne TN
LVHW050454160826
845677LV00003B/784

* 9 7 8 2 3 2 9 6 6 6 0 9 9 *